RECONSTITUTION

DU

VIGNOBLE

DANS LE CANTON DE GY

ET

DANS LA HAUTE-SAONE

PAR

H. CLÉMENÇOT

Agrégé de l'Université

Professeur au Lycée de Lons-le-Saunier

GRAY

IMPRIMERIE ET LITHOGRAPHIE DE GILBERT .R

1897

RECONSTITUTION

DU

VIGNOBLE

DANS LE CANTON DE GY

ET

DANS LA HAUTE-SAONE

PAR

H. CLÉMENÇOT

Agrégé de l'Université

Professeur au Lycée de Lons-le-Saunier

GRAY

IMPRIMERIE ET LITHOGRAPHIE DE GILBERT ROUX

1897

RECONSTITUTION

DU

VIGNOBLE

DANS LE CANTON DE GY

ET DANS LA HAUTE-SAONE

Il n'est pas de plus douce satisfaction, pour l'homme laborieux, que de mettre au service de ses semblables les qualités dont la nature l'a doué ou celles qu'il a su acquérir par un travail constant et assidu.

Peiné de voir le beau vignoble de Gy et les vignobles environnants, tant réputés autrefois, devenir la proie de ce minuscule insecte, le Phylloxéra, que tout le monde connaît, au moins de nom et par les dégâts qu'il occasionne partout où il passe dans son voyage autour du monde, nous n'avons pas hésité à quitter les recherches purement scientifiques pour nous lancer dans une voie qui nous permette de venir en aide à nos amis les vignerons et les cultivateurs.

C'est ainsi qu'en nous appuyant sur des faits connus et sur nos propres essais, après avoir analysé tous les lieux dits du vignoble de Gy (700 analyses). nous avons pu tracer les règles de la reconstitution dans notre pays natal.

Depuis quelques années, le phylloxéra

commet des ravages qui, de jour en jour, deviennent plus importants.

On a vite compris, dans le canton de Gy, que la reconstitution s'imposait et, sans perdre de temps, on s'est mis résolument à l'œuvre.

Bucey-les-Gy est, en ce moment, sérieusement éprouvé. Là, de même qu'à Charcenne, où le vignoble avait été un peu négligé depuis l'invasion du Mildiou, la replantation a fait, depuis deux ans, de remarquables progrès, grâce à l'activité de quelques propriétaires, parmi lesquels M. Chauvelot, maire de Bucey, et M. Milleret, de Charcenne.

Gy, moins atteint, ne reste pas en arrière. Bon nombre de vignes nouvelles y sont déjà en plein rapport, montrant aux plus timorés qu'ils ne courent aucun risque en se lançant dans la voie ouverte par leurs devanciers.

Dès le début de l'invasion, certains hommes inexpérimentés avaient conseillé de mettre partout le Riparia et le Solonis, à l'exemple de la Bourgogne.

En général, les essais ont donné de bons résultats, parce que, les parties reconstituées à Gy et dans les environs, étaient relativement pauvres en calcaire. Mais, à côté de ces essais si encourageants, il y en a d'autres, peu nombreux il est vrai (à Gy, Velleclaire, peut-être ailleurs encore), qui ont échoué par suite d'une connaissance inexacte du sol et d'une mauvaise plantation.

Ces insuccès se sont surtout produits dans les terres blanches ou argileuses.

(A Gy, des Riparias ont été mis dans des sols blancs renfermant jusqu'à 45 % de calcaire !)

Avant d'envisager le choix si important des porte-greffes, nous croyons bon de dire quelques mots des *producteurs directs.*

On entend par *producteurs directs*, des plants provenant de plants français et d'américains, pouvant être bouturés, mis en place pour donner du vin sans le secours de la greffe.

Ce serait là un remarquable avantage si ces variétés produisaient des vins aussi estimés que ceux de nos vieilles souches françaises.

Les premiers employés et les plus connus sont : l'Othello, le Noah, le Clinton ou Plant Pouzin, l'Huntingdon, le Sénasqua, le Noami, le Saint-Sauveur, le Triumph, etc., etc.

Les plus avantageux sont sans contredit l'Othello et le Noah, abstraction faite du goût foxé de leurs raisins, goût qui se communique au vin et le rend non marchand.

Il est vrai qu'on peut atténuer ce goût en ne laissant pas trop mûrir les raisins, mais aux dépens de l'alcool, ou bien en préparant une levure rouge ou blanche, en faisant fermenter à l'avance de bons raisins précoces du pays, soutirant le vin et versant sur les marcs (jaine en patois) la vendange de ces deux ceps.

De plus, et c'est le principal défaut, qui, à lui seul, suffirait pour les faire rejeter, tous ces plants ne résistent pas suffisamment au phylloxéra.

Depuis peu d'années, quatre producteurs directs ont obtenu le crédit de certains viticulteurs.

Ce sont : Seibel, n° 1 ; le Terras, n° 20 ; le Couderc 4401 et l'Hybride franc.

D'après le Docteur Grandclément, que nous avons entendu au congrès de Poligny, ces cépages seraient les plants de l'avenir, tout au moins pour les terres basses, sujettes aux gelées, pour les endroits donnant des vins de médiocre qualité, réservant les bonnes terres des côteaux aux plants fins.

Si nous en croyons le Docteur Grandclément, ces nouveaux venus sont moins sensibles au Black-Rot, cette terrible maladie qui menace d'envahir tous les vignobles de l'Europe, ainsi que les plants français et les anciens hybrides.

Nous pensons que leur culture n'est pas assez généralisée pour permettre de juger leur tenue sur les divers points du territoire français.

Le Docteur Grandclément annonce que le Seibel serait plus résistant que les trois autres au Black-Rot.

Telle n'est pas l'opinion des membres de la commission chargés, par la Société de Viticulture de Lyon, d'aller étudier le Black-Rot dans les départements du Sud-Ouest.

Ces messieurs annoncent pour le Seibel un déficit de 50 % de la récolte, et, d'après eux, le 4401 serait le plus résistant.

Devant ces avis contraires, évitons de

nous lancer dans la culture, même restreinte, de plants dont le vin, assez franc de goût peut-être, ne pourra jamais lutter avec celui de nos bonnes variétés indigènes.

Notre idéal, à nous vignerons du canton de Gy, est de produire de bon vin assez abondamment; nous en avons les ressources : plants fins et bons sols. Avec cela, une population vigneronne intelligente, active et soigneuse.

Laissons donc de côté ces divers producteurs directs, ces producteurs de *pistrouille*, selon l'expression de M. le colonel Patin. « *Pistrouille contre Pistrouille*, dit-il avec raison et la bonne humeur qui lui est familière, nous serons toujours battus par le Midi. »

Attachons-nous, malgré les soins et les dépenses qu'occasionnent les vignes greffées, à ressusciter notre beau vignoble au moyen de nos meilleurs plants, greffés sur Américains résistants.

Si nous sommes un jour envahis par le Black Rot, et que nous ne puissions lutter contre ce fléau, nous nous rabattrons sur les bons producteurs directs afin d'obtenir un vin de qualité passable.

PORTE-GREFFES

Abordons le sujet des porte-greffes.

Ceux-ci se divisent en trois groupes :

1° Les **Américains purs**.

2° Les **Hybrides d'Américains entre eux**. (Résultat de la fécondation d'un Américain (*la mère*) par un autre (*le père*).

3º Les Hybrides de français et d'américains ou réciproquement.

Ceux qui, jusqu'alors, ont fourni le plus de preuves de leur valeur sont les Américains purs ou leurs hybrides. Aussi, certains viticulteurs les préfèrent-ils aux franco-américains entrés plus tard dans la lutte.

Mais, si les meilleurs champions des deux premiers groupes luttent avec avantage contre leur ennemi animé, ils se comportent moins bien dans les terrains calcaires, où, greffés, ils sont sujets à jaunir, c'est-à-dire à se *chloroser*.

Ils sont donc insuffisants et il convient parfois de leur substituer les franco-américains qui, dans la plupart des cas, leur sont supérieurs dans la lutte contre la *chlorose*.

Dans le choix des porte-greffes, il faut donc tenir compte de la résistance au phylloxéra et à la chlorose, ce qui complique singulièrement la difficulté.

1º. AMÉRICAINS PURS
Riparias

Les meilleures variétés sont :

1º *Riparia Gloire* ; 2º *Riparia Grand Glabre* (dépourvu de poils) ; 3• *Riparia Tomenteux* (velu).

Ils sont peu résistants à la chlorose, très fructifères, et par conséquent épuisants. Ils permettent de tailler court des plants que l'on taillait long avant le greffage.

Il faut, en conséquence, leur fournir

beaucoup d'engrais, les mettre en terres fertiles, meubles, profondes et non humides ni trop sèches.

Le Riparia Gloire résiste au calcaire plus que les autres. Il ne convient pas de le planter dans des sols renfermant plus de 18 à 20 % de calcaire.

Cependant, en bonnes terres profondes, bien fumées, nous l'avons vu à Montmélian (Savoie) affronter bravement 50 % de calcaire.

Plus près de nous, à Gy, dans la vigne de notre ami Charles Marmier, adjoint au maire (lieu dit aux Soclères), nous avons vu des Riparias et des Solonis, portant des Gamays, plantés dans des sols crayeux à 54 % de calcaire, aussi beaux les uns que les autres, sans avoir jamais jauni depuis six ans.

Cela provient probablement de ce que, malgré le calcaire, il y a assez d'argile, ou d'autres fois d'oxyde de fer, qui empêchent la déperdition rapide des engrais solubilisés et non retenus par les terres, et aussi de ce que les propriétaires de ces vignes ne ménagent pas le fumier.

Il est dangereux, à défaut d'une quantité suffisante d'engrais, de dépasser 20 % de calcaire actif pour le Riparia Gloire.

Le Riparia Grand Glabre vient dans les terrains plus secs et le Riparia Tomenteux dans ceux plus humides.

Dans les terrains secs, peu ou assez calcaires, nous préférons les Rupestris ou les franco-Rupestris.

A côté des avantages des Riparias, il est bon de mettre en relief leur voracité et le défaut qu'ils ont de rester faibles tandis que le greffon grossit beaucoup plus, formant ainsi un gros bourrelet dans la région de la greffe.

Il en résulte que si le vent les jette à terre, ils peuvent se briser, ou tout au moins se froisser sous la greffe.

RUPESTRIS PURS

Les plus recommandés sont : 1º *Rupestris Martin* ; 2º *Rupestris Ganzin* ; 3º *Rupestris de Forworth.*

Ces trois variétés sont très résistantes au phylloxéra. On peut les employer sans crainte en sols maigres, cailloureux, secs, peu profonds, mais *peu calcaires.*

Ajoutons à ces trois Rupestris, le *Rupestris du Lot*, qui jouit de la faveur du jour.

Le Rupestris du Lot donne à la greffe une reprise presqu'égale à celle des Riparias. Il est très employé dans les environs de Lons-le-Saunier, résiste plus au calcaire que les autres Rupestris, bien au phylloxéra et présente une vigueur extraordinaire. Par suite de cette vigueur, il faut éviter de le mettre en sols trop fertiles, car on risquerait d'obtenir beaucoup de bois au détriment des raisins.

Les sols des Rupestris lui conviennent ainsi que les sols argileux, très compacts, mais drainés artificiellement ou naturellement.

2º HYBRIDES D'AMÉRICAINS ENTRE EUX

Les meilleurs sont : 1º *Riparia-Rupes-*

tris nº 3309, de M. Couderc ; 2º *Riparia-Rupestris* nº 101-14, de M. Millardet.

Ils peuvent être utilisés en sols assez calcaires où se chlorosent les Riparias.

3º FRANCO-AMÉRICAINS

Comme bonnes variétés, les franco-américains renferment :

1º *Aramon-Rupestris Ganzin nº 1.* — A notre connaissance, on ne l'a pas encore vu succomber sous les piqûres du phylloxéra. Il réussit bien dans les argiles assez calcaires.

Malgré les pluies de 1896 et dans une de nos vignes (lieu dit au Barry-Bémontot), des greffes de l'année ne se sont pas chlorosées à 30 et 40 % de calcaire, pas plus d'ailleurs que celles sur Riparia-Rupestris 101-14.

2º *Gamay-Couderc* nº 3103. — Paraît résistant au phylloxéra, car, à la pépinière départementale de Chambéry, il est très vigoureux en pleine phylloxérière.

On le dit mourant à l'école de Montpellier et en Bourgogne. Est-ce une calomnie ?

Il est assez résistant au calcaire. Nous l'avons vu dernièrement dans la propriété de MM. Pétiot (Côte-Châlonnaise), très beau en sol à 60-70 % de calcaire.

Dans nos propriétés, il végète fort bien avec 23-41 % de calcaire.

Les notes discordantes émises sur ce cépage doivent, jusqu'à plus ample information, nous rendre prudents dans son emploi. On fera bien de lui préférer Aramon Rupestris Ganzin n° 1 ou le suivant.

3° *Mourvèdre-Rupestris*, n° 1202, de M. Couderc. — Celui-ci, d'après M. Roy-Chevrier, le sympathique président de la Société de viticulture de Châlon-sur-Saône, doit être planté partout où il y a plus de 40 % de calcaire.

Au petit champ d'expériences de MM. Pétiot, dans un sol en pente très raide, mauvais, à plus de 70 %, le 1202 greffé est supérieur à tous les autres plants.

Ces divers porte-greffes seront certainement suffisants pour le canton de Gy, dont les sols sont en majeure partie faciles à reconstituer, mais comprenant aussi une série de terres crayeuses blanches où le taux du calcaire peut atteindre 54 % (Gy, Vantoux).

Nous pouvons maintenant nous résumer comme il suit :

Riparias.	GLOIRE	Sols fertiles, frais, sans humidité, profonds jusqu'à 18 % de calcaire. Excellent.
	TOMENTEUX	Sols plus humides jusqu'à 18 % de calcaire.
Rupestris	MARTIN	Le plus recommandé. — Terrains secs, pierreux, peu profonds, peu calcaires (moins de 18 %) et à sous-sols pierreux (Règle pour les Rupestris et leurs hybrides).
	GANZIN	Idem.
	FORTWORTH	Idem.
Rupestris du Lot....		Terres à Rupestris jusqu'à 35 % de calcaire. — Pas trop de fumier.

Riparias Rupestris	n° 3300 COUDERC 101-14 MILLARDET	Remplace avantageusement les Riparias purs. Jusqu'à 25 °/₀ de calcaire seulement, par prudence, bien qu'ils puissent résister à une plus forte dose. Sol frais, pas d'humidité persistante.
Gamay-Couderc n° 3103		Avec quelques réserves. Terres à Rupestris. Jusqu'à 35 °/o de calcaire.
Franco- Rupestris	ARAMON-RUPESTRIS GANZIN n° 1.	Très recommandé. Terres à Rupestris au-delà de 35 °/o de calcaire. Réussit à la greffe plus difficilement que les Riparias.
	MOURVÈDRE-RUPESTRIS n° 1202	Idem. Réussit à la greffe presqu'aussi bien que les Riparias.

NOTA. — Il n'est pas nécessaire qu'un même propriétaire utilise ces onze porte-greffes. Tous résistent bien au phylloxéra ; seule la nature de son terrain fixera son choix d'après les développements précédents.

Dans le dosage du calcaire, il faut se méfier de la dolomie, ou carbonate double de chaux et de magnésie qui, attaquée par l'acide chlorhydrique, moins vivement il est vrai que le calcaire, peut être seule dans les sols ou mélangée à du calcaire. (Diverses terres de Bucey).

Les divers calcimètres ne peuvent séparer le calcaire de la magnésie dans le dosage.

Seul, l'appareil que nous avons imaginé et que nous désignons du nom de *Calca-*

rimètre, permet d'opérer le dosage du calcaire actif et de la dolomie.

Dans la reconstitution d'un vignoble au moyen des Américains, nous avons vu qu'il était de première nécessité de s'assurer, au préalable du taux en calcaire du sol.

Nous avons indiqué un certain nombre de porte-greffes, et des meilleurs, pouvant servir à régénérer les vignes du canton de Gy.

De cette façon, le vigneron n'aura à choisir que dans une liste assez courte.

Mais il n'a pas besoin de les posséder tous. Ses sols, avec nos indications, lui montreront ceux qu'il devra mettre en pépinière afin d'avoir du bois à greffer.

Cependant, si les terres d'un même vigneron s'accommodaient d'un porte-greffe unique, tel que le Riparia, par exemple, nous serions d'avis qu'il ne se servît pas exclusivement de ce plant, mais qu'il en utilisât deux ou trois autres pouvant également s'adapter à ses terres. Car, dans l'ensemble des périodes végétatives, les défauts de l'un des porte-greffes seront corrigés par les qualités des autres.

Ainsi, pour reconstituer nos vignes, là où l'Aramon-Rupestris Ganzin nº 1 suffirait seul, nous nous servons simultanément de Riparia Gloire, Riparia tomenteux (peu, car nos vignes ne sont pas trop humides), Rupestris Forworth, Gamay-Couderc, Rupestris du Lot, Riparia-Rupestris 101-14 et nº 1.

Dans les porte-greffes conseillés par

nous, on sera surpris de ne pas trouver le *Solonis*.

Ce plant est cependant assez employé à Gy. Nous ne le bannissons pas. Mais, étant donnés les doutes émis par M. Vialla, sur sa résistance au phylloxéra, on comprendra que nous soyons prudent.

Cependant, en Bourgogne, on ne s'en plaint pas ; aussi pourra-t-on, jusqu'à nouvel ordre, l'employer dans les sols humides et assez calcaires.

Pour marcher avec sûreté dans la reconstitution, il faudrait aux vignerons des conseils émanant d'hommes compétents ; et ceux-ci, avec la bonne volonté, le dévouement en plus, ne pullulent pas, surtout où l'on commence à replanter.

Ces conseils ne peuvent être donnés que sur la connaissance de la composition du sol en calcaire et en argile.

Toutes les communes viticoles doivent donc être pourvues d'un appareil à doser le calcaire, autrement dit, d'un *calcimètre* ou *calcarimètre*.

Mais la connaissance du taux du calcaire n'est pas toujours suffisante pour faire choix d'un porte-greffe.

Dans les sols très compacts, *renfermant peu de calcaire*, il semblerait, d'après l'opinion généralement admise, que l'on peut mettre tous les porte-greffes. C'est une erreur. Le Riparia, entr'autres, surtout si le sol est humide, risquerait de se mal développer, ses racines n'ayant pas la force suffisante pour percer facilement ces sols résistants.

Il vaudrait mieux alors employer les Riparias-Rupestris (sans trop d'humidité), le Rupestris du Lot, l'Aramon-Rupestris Ganzin n° 1 ou encore Bourrisquou-Rupestris n°ˢ 601 et 603 et Chasselas-Rupestris n° 901.

Il est donc bon, avec le taux du calcaire, de connaître « *la force de la terre* ».

A défaut de calcarimètre, le vigneron devra toujours se rappeler les remarques suivantes, s'appliquant bien au canton de Gy :

1° Les terres fortes, de couleur foncée, sont peu calcaires ;

2° Les terres rouges ou d'un brun foncé, sont dans le même cas, lors même qu'elles reposent sur un sol très calcaire ;

3° Les terres à Chailles sont très peu calcaires ;

4° Les terres blanches ou blanchâtres, reposant sur un calcaire tendre (terres de Vantoux, de Gy, lieu dit Aux-Gravières, etc.), sont très calcaires ;

5° Les terres fortes blanches, les terres pierreuses jaunâtres ont des doses variables de calcaire. On devra toujours les analyser ;

6° Certaines terres jaunes des environs de Bucey (carrière dolomitique à l'entrée de Bucey, route de Gy) sont dolomitiques (magnésiennes) avec des doses variables de calcaire actif.

Il n'est pas indifférent de savoir si une terre renferme de la dolomie, et, dans ce cas, de pouvoir la doser facilement.

Jusqu'alors, on n'a pas signalé d'effets fâcheux de la dolomie vis-à-vis des plants américains ; et, d'autre part, il paraîtrait que les terres dolomitiques, à sous-sols argileux, sont les terres à bon vin.

Il n'est pas aussi facile que l'on se l'imagine généralement d'indiquer un porte-greffe à une personne qui vous demande conseil.

On vous dit le plus souvent : j'ai tant de calcaire dans ma vigne, quel porte-greffe dois-je employer ?

A une question ainsi posée, nous nous gardons de répondre, car nous tenons à indiquer, non pas un porte-greffe qui ne jaunira pas, mais celui qui, résistant au calcaire, s'accommodera le mieux au terrain.

Aussi, pour éviter toute surprise à l'avenir, nous prions ceux qui ont confiance dans nos conseils de répondre aux questions suivantes :

1° Quelle est la dose de calcaire du sol et du sous-sol ?

2° Quelle est l'épaisseur du sol arable ?

3° Le terrain cultivé est-il ou non pierreux, chailleux ?

4° Est-il léger. assez fort, fort, très fort ?

5° Quelle est sa couleur et sous quel nom le désigne-t-on dans le pays ?

6° Le sous-sol est-il caillouteux, rocheux, argileux ?

7° Si le sous-sol est marneux, quelle est sa couleur ?

8° La vigne a-t-elle une pente, nulle, légère, forte ?

9° Est-elle humide dans toute son étendue ou partiellement, dans quel endroit (bas, milieu, haut) ?

10° Comment est-elle exposée (nord, levant, couchant, midi) ?

11° Lieu dit et numéro du cadastre ?

Nota. — En cas d'envoi d'échantillon, le prendre quand la terre est bien ressuyée et le faire parvenir sans le broyer, tel qu'il a été prélevé.

Choix des Greffons

Nous avons maintenant une connaissance suffisante des porte-greffes, dans leurs relations avec le phylloxéra, le calcaire et la nature physique du sol.

Que grefferons-nous dessus ?

De ce que nous avons dit des reproducteurs directs, il résulte que nous devons éliminer de notre nouveau vignoble toutes les variétés, faux-plants ou contre-plants, fournissant un vin abondant, mais dont la qualité laisse trop à désirer, tels sont, parmi ceux cultivés à Gy :

Le *Noirun d'Espagne*, appelé aussi *Corbeau, Douce-Noire* ; le *Ferné*, ou mieux *Fariné* ; le *Gros-Na*, ou *Plant Durif* ; l'*Angélique*, ou *Mondeuse de la Savoie*, etc.

Pour permettre à nos vignobles de reconquérir la bonne réputation qu'ils méritent à juste titre, et que l'introduction des variétés précédentes leur a fait perdre partiellement, il faut recourir aux anciens plants :

Les *Pinots*, noirs et blancs, pour les vins de qualité tout à fait supérieure ; les *Pe-*

tits *Mesliers* (Maillés à Gy) ; *Gamays* ; *Pi-nots meuniers* ; *Pinots de Pernand* (Gros Pinot noir) ; *Francs-Noirs* ; *Melons*, pour les bons vins ordinaires.

Comme vin blanc, ne pas négliger le *Maillé* (Arbonne de la Haute-Marne) qui se place chez nous immédiatement après le *Pinot blanc*, et ne pas oublier qu'il produit beaucoup et relève singulièrement le vin de *Gamay* dont le goût est un peu plat.

Au Congrès de Châlon-sur-Saône où nous l'avons fait déguster, le vin de notre *Meslier* a été très apprécié.

Il faudra mettre les plants fins dans les meilleurs terrains des côteaux ; les autres dans ceux de qualité moindre et dans la plaine.

Depuis quelques années, on se jette beaucoup, en Bourgogne, du côté des *Gamays teinturiers*, afin d'obtenir des vins plus foncés.

N'imitons pas les Bourguignons ; gardons nos vins avec la couleur, largement suffisante, qu'ils ont et ne cherchons pas à imiter ces vins épais du Midi qui ne flatteront jamais agréablement le palais des bons et sincères dégustateurs.

Les meilleurs Gamays sont ceux à jus blanc (nous ne parlons ici que des Gamays noirs), ceux que nous cultivons depuis si longtemps.

N'allons pas les chercher en Bourgogne, en Beaujolais où ailleurs ; nous en avons d'excellents. Il suffit de les chercher, de les sélectionner, en n'employant que ceux dont la feuille n'est pas découpée et qui ne coulent pas.

Ceci, d'ailleurs, s'applique à tous les plants.

Les teinturiers, à l'exception du Fréau peut-être, donnent un vin dont le degré alcoolique est peu élevé et plat.

Quant au *Brezin* (*Enfariné* du Jura), il sera bon d'en conserver quelques pieds; mais il ne faut pas se laisser tenter par sa grande production.

Son vin est sans contredit un peu vif la première année. Il prend du bouquet, s'améliore beaucoup avec l'âge et aide à la conservation des vins de Gamays.

Quoiqu'en disent les Jurassiens, l'Enfariné ne passera jamais pour un plant fin.

Nous entrevoyons déjà l'objection des vieux vignerons ! C'est plus par la quantité que par la qualité, répliqueront-ils, que nous sommes arrivés à réaliser des économies. Ceux qui n'ont conservé que des Pinots et des Gamays n'ont jamais fait de bonnes récoltes.

C'est vrai pour le passé, pour l'époque où nos vins de la Haute-Saône n'avaient pas pour concurrents ceux du Midi.

Si nous replantons notre vignoble avec des ceps communs, de grand rapport, nous produirons un vin défectueux qui ne pourra jamais lutter de prix avec celui du Midi. Le consommateur achètera celui-ci de préférence au vin indigène.

Si le vin est bon, au contraire, on sera toujours sûr d'en avoir le débit à bon compte, on ne sera pas exposé à le garder longtemps en cave, où il faut lui prodiguer des soins qui ne sont pas toujours suffisants pour empêcher le vin médiocre de se gâter.

La remarque que nous faisons pour notre département peut s'étendre à tout le territoire français. Le bon renom du vin de France se maintiendra à l'étranger et ce serait peut-être un remède pour lutter contre la mévente qui atteint trop souvent nos vins.

Les plants à grand rapport sont évidemment propres à tenter le vigneron.

Mais les conditions de la viticulture changent avec le greffage.

Le rendement devient bien supérieur à l'ancien pour tous les plants.

Si les Pinots noirs et blancs ont été abandonnés dans la grande culture, parce qu'ils produisaient peu, il ne saurait en être de même aujourd'hui.

En ayant soin de bien choisir les greffes, en remarquant avant la vendange les ceps portant de belles feuilles rondes, ne millerandant pas, on arrive à obtenir avec les Pinots fins, autant qu'avec les Gamays d'autrefois ! Combien de vignerons se contentaient d'un tel rendement !

D'ailleurs, ces Pinots ne seront placés que dans les bons sols et l'abondance sera donnée par les autres plants dont nous avons parlé, à l'exclusion des contre-plants et même du Portugais bleu, nouvellement introduit chez nous.

C'est ainsi que nous arriverons à obtenir d'excellents crus et que, grâce aux expositions syndicales réitérées, nous les ferons connaître. Grâce à nos efforts per-

sévérants et à un ferme esprit de solidarité, nous obtiendrons le classement de
nos bons vins, bien supérieurs à certains
vins classés de Bourgogne.

Pour arriver à ce résultat, évitons les
rivalités de personne à personne, de village à village ; faisons un peu moins de
politique et un peu plus de viticulture :
travaillons d'un commun accord pour le
bien-être de tous. Soyons enfin pénétrés
que nos intérêts sont solidaires les uns
des autres et que nous appartenons tous,
quel que soit notre rang, quelles que
soient nos opinions politiques ou reli-
gieuses, à une grande et belle famille, la
Famille viticole.

Préparation du Sol

Après l'étude que nous venons de faire
de l'adaptation des porte-greffes aux divers sols et du choix des greffons, nous
devons nous occuper de la préparation de
la terre.

Quand on multiplie la vigne française,
en provignant (recouchant) des vieux
ceps, on creuse simplement une fosse de
grandeur variable, suivant le nombre des
sarments que l'on veut y enraciner, et
dont la profondeur ne dépasse guère 50
centimètres.

Le vigneron expérimenté sait qu'il ne
doit pas toucher à un mauvais sous-sol.

Si celui-ci est argileux, il le pioche profondément pour le rendre plus perméable
et assainir la fosse ; il ne remue pas, au
contraire, un sous-sol pierreux, formé
exclusivement de débris de roches.

Dans les deux cas, il laisse dessus une épaisseur d'au moins 10 centimètres de terre sur laquelle il couche les sarments des pieds voisins.

Quand il s'agit de planter une vigne nouvelle en plants français, le vigneron creuse de longues et larges raies en tenant compte du sous-sol comme plus haut. Les chapons sont alors placés de chaque côté de la raie.

Si l'on veut reconstituer en greffes-boutures, il faut se laisser guider par cette pratique, en la mettant en rapport avec la vigueur des plants nouveaux.

Malgré les lourdes dépenses nécessitées par les travaux relatifs à la reconstitution, il ne viendra à l'esprit de personne de planter directement dans un terrain depuis longtemps sans culture. Tout le monde sait que les racines des plantes ont besoin d'être aérées pour se développer normalement. C'est la raison des diverses façons culturales exécutées deux ou trois fois l'an.

Il faut donc défoncer le sol, le miner le plus consciencieusement possible.

Le meilleur procédé consiste à défoncer sur toute la surface de la propriété, ou, comme on dit, à *plein terrain*.

Ce mode de défoncement est très usité dans les environs de Lons-le-Saunier, où l'on procède soit avec la charrue, soit à bras d'hommes.

Avec la charrue, on défonce, quand c'est possible, à une profondeur uniforme de 50 centimètres et nous avons vu que cela peut être défectueux.

De plus, on ne peut opérer que dans des parcelles assez étendues.

Ce procédé est moins coûteux que le second, mais il ne divise pas aussi bien la terre.

Dans le canton de Gy et probablement dans toute la Haute-Saône, il n'est pas praticable en général.

Il faut donc avoir recours au minage à bras d'hommes.

Minage a plein terrain

Deux cas sont à distinguer suivant la valeur agricole du sous-sol.

1° *Les qualités du sol et du sous-sol sont à peu près identiques, et tous deux peuvent être entamés à 50 centimètres et plus.*

On commence par creuser un fossé de 50 centimètres de largeur sur 50 centimètres de profondeur, et, sans s'inquiéter du sous-sol, on jette la terre pêle-mêle sur le côté de la tranchée.

Cette terre sera portée dans le dernier fossé. Touchant la première raie, on en creuse une seconde dont la terre servira à combler la première. Le nouveau sol de la première tranchée remplie sera for-mé, en bas, du sol arable venant de la seconde, en haut du sous-sol de cette dernière.

On continue ainsi jusqu'à la dernière raie qui sera remplie avec la terre extraite de la première. L'ensemble du sol et du sous-sol est donc complètement culbuté.

2o Les qualités du sol et du sous-sol sont différentes. Le sous-sol est argileux, calcaire ou siliceux, et il est à une profondeur moindre que 50 centimètres.

Si, dans le premier cas, il n'y a aucun inconvénient à mélanger les terres du sol actif et du sous-sol, il n'est pas de même ici.

Il faut savoir, en effet que les sols argileux sont très peu perméables à l'eau et à l'air.

Le sous sol émietté, ramené à la partie supérieure, s'imprégnera d'eau lors des pluies. L'excès de cette eau disparaitra lentement, maintenant avec le sous-sol non remué une double couche dans l'intérieur de laquelle persistera une humidité préjudiciable aux jeunes plants.

Sans doute la couche superficielle ne sera pas absolument discontinue, mais elle n'en exercera pas moins un effet nuisible sur la végétation, tant par son eau, qu'en empêchant la libre circulation de l'air nécessaire à une nitrification active (transformation de l'azote organique en nitrates directement assimilables).

A la longue, l'argile se délitera, les labours la diviseront en la mélangeant à la terre de dessous ; mais il n'en est pas moins vrai que dans les moments qui suivront leur mise en place, les greffe-boutures seront dans des conditions peu avantageuses.

A cela s'ajoutera la pauvreté du sous-sol en azote. Par compensation, l'argile apportera un stock de potasse, peut-être d'acide phosphorique. Mais ces éléments ne peuvent agir qu'autant que la quantité d'azote est suffisante.

Nous savons que le sol sera fumé. Cependant, il ne faut pas oublier qu'un sol pauvre doit d'abord, en vertu de son pouvoir absorbant, se saturer d'engrais avant de mettre ceux-ci à la libre disposition des plantes.

Cela ne veut pas dire que celles-ci, dans un sol non saturé et grâce aux sucs de leurs racines, ne puiseront autour d'elles des principes nutritifs ; mais l'absorption sera trop faible pour donner aux plantes tout le développement désirable.

Les agriculteurs savent en effet fort bien, par expérience, que le fumier répandu dans un sol naturellement pauvre ou épuisé par les cultures successives, met quelquefois un temps assez long pour se faire sentir d'une façon rémunératrice.

De cette discussion, il résulte que, en défonçant, il faut maintenir le sol actif et le sous-sol dans leur situation naturelle et que l'emploi de la charrue peut être défectueux dans un sol peu profond.

Quand on opèrera à bras d'hommes, le sous-sol sera pioché assez profondément.

On augmentera ainsi son pouvoir absorbant pour l'eau, et par suite, dans une certaine mesure, on produira l'assainissement du terrain en même temps que l'on facilitera aux racines la pénétration des couches profondes.

Certains vignerons ont l'habitude d'enlever de la propriété les grosses pierres souvent répandues dans les sous-sols argileux.

Cette pratique, commune aux environs de Lons-le-Saunier, est absolument condamnable pour deux raisons :

1º L'enlèvement de toutes ces pierres éparpillées sur le sol défoncé, occasionne un supplément de dépenses en même temps qu'il oblige à piétiner le sol ;

2º Les sols argileux, étant naturellement humides, doivent être drainés si, par une pente suffisante, ils ne se débarrassent pas d'un excès d'eau nuisible.

Les gros cailloux, éparpillés dans le sol, faciliteront l'écoulement de cette eau. Il faudra donc les enfouir sur place, au-dessous de 50 centimètres, pour que les instruments de labour ne les rencontrent pas.

Le drainage par ces pierres peut n'être pas suffisant, et, d'ailleurs, on ne les trouve pas partout.

Si l'on veut assurer la réussite de la plantation, il devient nécessaire de produire l'écoulement de l'eau par des canaux creusés de distance en distance, remplis de pierres ou servant à loger des tuyaux de drainage.

Cette précaution est essentielle. Nous avons pu nous en rendre compte dans une vigne appartenant à M. de Buchet, à Gy, au lieu dit « Tèle-Juba ».

Le terrain est plat avec sous-sol marneux.

Lors du défoncement, deux fossés de drainage avaient été pratiqués dans les deux sens, vers le milieu de la propriété et remplis de grosses pierres.

En 1893, lors de la grande sécheresse,

nous étions frappés de voir les ceps voisins des fossés très vigoureux et d'un beau vert, alors que, à quelques mètres de là, ils étaient rabougris et jaunes.

Nous en fîmes la remarque auprès de M. de Buchet et sur notre conseil, il fit creuser de nouveaux fossés. Actuellement, les mauvaises taches ont disparu et la vigne est une des plus belles du vignoble.

Si la pente, du haut en bas, n'est pas régulière, s'il y a des endroits plats en bas des *renvers* (pente brusque) comme on dit à Gy, il faut s'assurer que l'eau n'y séjourne pas (*drainer les endroits goutifs*).

Il faudra aussi niveler soigneusement la partie supérieure, tenir compte de l'épaisseur de la bonne terre afin de niveler inférieurement dans le sous-sol, c'est-à-dire qu'il faudra veiller à ce que le travail fait, l'épaisseur remuée soit partout la même.

On assurera ainsi le facile écoulement des eaux.

Dans le cas d'un sous-sol calcaire, formé par des débris de roches fendillées, il sera nécessaire, mieux encore que dans le cas précédent, de le laisser en place sans le piocher.

Il devient inutile ici, et il serait même nuisible de faciliter le départ de l'eau dans les couches profondes, les sols en question se desséchant souvent trop vite.

Il en est de même des sous-sols gréseux, sablonneux ou graveleux.

Cependant, si l'épaisseur de ces derniers était notable et que celle de la terre arable fût un peu faible, on pourrait les remuer sur place à la profondeur voulue.

DÉFONCEMENT EN RAIES

Un autre mode de défoncement est le défoncement en *raies parallèles.*

Dans les endroits où la terre est légère, même forte sans être très argileuse, ce deuxième procédé est suffisant et c'est ainsi que, pour notre compte, nous opérons.

On marquera l'emplacement des raies dont la direction aura été indiquée au moyen d'un cordeau. On aura soin de laisser tout autour de la propriété un espace de 50 centimètres de voisinage, exigés par la loi.

Les raies seront creusées en tenant compte des remarques exposées précédemment quant au sous-sol et la terre sera jetée alternativement à droite et à gauche dans les espaces intermédiaires (ados).

A Gy, à l'exemple de M. Pâris, conseiller général, on a, dans les débuts, planté à la distance évidemment trop grande de 1 m. 50. Actuellement, on semble s'en tenir à la distance raisonnable de 1 m. 20 de tous côtés. Quelques propriétaires plantent plus près, mais nous discuterons plus loin l'espacement à observer.

Si on adopte 1 m. 20, les milieux des raies devront avoir cette distance et il sera bon de les creuser sur 50 centimètres de largeur. La profondeur sera en rapport avec ce que nous avons dit du premier procédé.

Dans l'un comme dans l'autre cas, le défoncement devra être fait en automne ou en hiver, par un temps non pluvieux, lorsque les terres seront ressuyées.

Pendant l'hiver et jusqu'au moment de la plantation, la pluie, la neige, la gelée surtout désagrègeront les mottes soulevées et la terre sur les flancs des tranchées, de sorte qu'il ne restera guère que 50 centimètres qui n'auront pas été attaqués.

Mais, l'année même de la plantation, au moment du Sombre (1er labour), le vigneron aura soin de piocher entre les lignes de plants, plus profondément que dans leur voisinage immédiat. De sorte que, dans le courant d'une même période végétative, le sol tout entier aura été assez remué pour permettre le développement normal des racines.

DÉFONCEMENT EN TROUS

Un troisième mode de défoncement, si on peut l'appeler ainsi, consiste à creuser de simples trous d'une dimension suffisante pour y mettre un plant.

Ce procédé défectueux est conseillé par M. Pâris, comme étant très économique, dans la « *Solidarité agricole* », paraissant à Gray.

Indiquant sa manière de faire aux vignerons de la Haute-Saône, il dit :

« La terre a été piochée profondément « (défoncée alors) en arrachant les sou-

« ches, l'emplacement de chaque pied sur
« le terrain a été indiqué par un échalas,
« et en avant de cet échalas, un trou de
« 0 m. 80 de long sur 0 m. 40 de large et
« 0 m. 40 de profondeur a été creusé etc. »

M. Pâris se déclare satisfait du résultat
obtenu. Il faut admettre qu'il n'est pas
difficile, car nous pourrions citer, dans le
vignoble de Gy, des plantations qui, après
quatre ans, étaient bien supérieures comme vigueur et rapport à tout ce qu'il a
obtenu après six ans.

Ces plantations avaient été faites dans
des raies et le propriétaire n'a eu qu'un
tort, c'est d'imiter M. Pâris en plantant
à 1 m 50. de toutes faces.

L'exemple de M. Pâris n'est donc pas à
suivre, puisque l'expérience a prouvé
que l'on peut faire mieux sans dépenser
beaucoup plus.

Cependant, nous reconnaissons que s'il
s'agissait d'un sol très léger, sablonneux,
par exemple, meuble de lui-même, la
plantation en trous simples suffirait. Mais
ce n'est pas le cas dans le canton de Gy.

Avant le défoncement, il ne faudra pas
oublier de fumer au fumier de ferme, surtout si la propriété a été négligée sous ce
rapport.

Il ne serait pas mauvais d'enfouir des
phosphates naturels profondément dans
les raies, en quantité assez grande. On
assurerait ainsi au sol un stock de phos-
phate que l'on ne craindrait pas de voir
disparaître dans les eaux de drainage, ce
corps étant retenu par les terres.

Mais avec une bonne fumure, cela n'est pas indispensable, car nous ne l'avons jamais fait et nos vignes nouvelles sont magnifiques.

Il est vrai de dire aussi qu'elles ont été fumées à peu près régulièrement depuis près de 40 ans.

A propos d'engrais, M. Pâris en cite un dont il a donné la formule et qu'il a employé pour ses plantations.

Nous en sommes assez surpris, car il nous souvient que, dans une conférence faite à Gy, il soutenait l'impossibilité de faire l'analyse du sol.

Or, la composition d'un engrais devant être en rapport avec celle du sol, comment se fait-il que M. Pâris ait pu en composer un pour le syndicat de Gy?

D'ailleurs, disons-le dès maintenant, composer un engrais pour toute une série de terrains différents est une hérésie agricole, contre laquelle il est de notre devoir de réagir énergiquement.

Nous aurons l'occasion d'y revenir. Mais, dès aujourd'hui, nous conseillons vivement aux vignerons et aux cultivateurs de s'en tenir au fumier de ferme, soutenu, en cas d'insuffisance par des engrais chimiques appropriés, n'en déplaise aux marchands d'engrais minéraux dont les vastes réclames ne doivent pas toujours tenter les agriculteurs.

Les engrais chimiques sont excellents quand on sait les employer avec discernement, comme complément du fumier de ferme.

PIEDS MÈRES — CONSERVATION DES PORTE-GREFFES

Afin d'être sûr de ne pas être trompé sur les porte-greffes par des pépiniéristes peu scrupuleux, chaque vigneron devra réserver un coin où il plantera les pieds-mères qui conviennent à ses sols.

Malgré tout, on rencontre encore des pépiniéristes consciencieux où il pourra s'adresser pour avoir quelques racinés. Ceux ci seront plantés à 1^m.50.

Autant que possible, les sarments seront dirigés sur des perches verticales ou, tout au moins, couchées à 50 ou 60 centimètres au-dessus du sol, afin de permettre une plus complète maturité des bois.

Dans notre climat, ceux-ci, dans les années pluvieuses ne mûrissent toujours pas sans reproches lorsqu'ils traînent sur la terre.

On aura soin de bien ébourgeonner (enlever les élongs).

Soit que l'on craigne les gelées d'hiver, soit que l'on se méfie des voleurs de plants (il y en a partout, nous nous en sommes aperçus), il peut être nécessaire de couper les porte-greffes en automne.

On les débite de façon à faire trois ou quatre boutures dans la longueur du sarment, en rejetant les extrémités trop petites ou incomplètement aoûtés. On les met en paquets de 100 sarments, soigneusement étiquetés et on les conserve dans un endroit couvert, sain, au milieu du sable peu humide, mais pas sec.

Si l'on coupe les porte-greffes au moment de la taille, il suffit de les mettre en terre, de les recouvrir complètement en attendant le moment de s'en servir.

Les greffons seront coupés, à la taille, sur les ceps remarqués avant la vendange, en évitant de prendre les bois sur la souche, et on les conservera dans la terre ou le sable.

DE LA GREFFE

La greffe généralement pratiquée dans nos pays est la greffe dite *anglaise*.

Nous ne nous y attarderons pas, car, quelques bonnes leçons de greffage sont préférables aux meilleures descriptions.

Messieurs les maires des communes en voie de reconstitution rendront service à leurs administrés en faisant venir des maîtres-greffeurs qui donneront aux jeunes vignerons les notions indispensables pour arriver à bien greffer. Ce serait une faible dépense à réaliser, mais en tout cas, bien plus utile que celles que les communes se croient obligées de faire pour la réception de tel ou tel personnage.

Rien de plus facile ensuite de devenir bon greffeur. Il suffit de tailler, avec patience et attention, beaucoup de sarments, de les raccorder jusqu'à ce que, en coupant, du greffon vers le sujet, perpendiculairement aux entailles, les points intérieurs soient bien joints.

Quand on sera parvenu à de bons résultats, au moyen de sarments ordinaires, on se livrera à la greffe véritable.

Nous conseillons vivement aux jeunes gens de se livrer à cet intéressant et utile exercice pendant les mauvaises journées de printemps, plutôt que passer leurs précieux instants à jouer aux cartes ou à s'attabler dans un cabaret.

Il est du devoir des pères de famille, des vieux vignerons, de pousser leurs enfants dans cette voie.

Tous y gagneront ; la morale, si ébranlée même dans les campagnes, s'en trouvera mieux et les jeunes gens verront s'accentuer chez eux l'amour du travail, l'amour de leurs vignes, fertilisées par la sueur de leurs parents. L'amour du pays natal deviendra aussi plus vivace, et ces enfants, devenus grands, n'auront plus l'idée d'émigrer vers les villes, lieux malsains pour la jeunesse livrée à elle-même, où, trop souvent ils vont grossir l'armée des " sans travail, " et, ce qui est pire, celle des anarchistes.

Les sujets seront pris à deux yeux. Ceux-ci seront enlevés minutieusement sans craindre de faire une bonne entaille, *surtout pour les Rupestris et leurs hybrides franco américains*, afin d'empêcher l'émission des rejets et assurer la reprise.

En bas le sujet sera coupé franchement tout près de l'œil.

Le greffon sera aussi court que possible à un œil, et l'on s'habituera à faire les sections très légèrement concaves vers le bas de manière que l'application du bout des biseaux soit bien assurée.

La longueur totale du sujet et du greffon doit être en rapport avec la nature et la profondeur du sol. Mais, dans tous les cas, il est inutile de dépasser 25 centimètres.

On donnera au sujet une longueur de 12 à 15 centimètres lorsque le sous-sol sera argileux, humide. Alors, l'extrémité inférieure ne risquera pas d'être plongée dans un sol imprégné d'eau et les racines se développeront mieux.

Il en sera de même si le sous-sol est formé d'un calcaire crayeux, comme ceux que l'on trouve à Vantoux et à Gy, ou d'une roche dure, à une faible profondeur.

On évitera une température trop élevée dans la pièce où l'on greffe ; la ligature, au raphia non sulfaté, sera faite, autant que possible, sitôt le greffon mis en place, en ayant soin d'espacer les tours de spire d'environ deux millimètres pour permettre à l'air d'arriver librement à l'endroit de la soudure.

On veillera à ce que les greffes aient à peu près toutes la même longueur et on les mettra en paquets de 10, sans lier sur les greffons.

Les paquets bien étiquetés seront couchés (stratifiés) dans un tas de sable humide, '' sans faire l'eau '', contre un mur exposé au soleil, et dont l'emplacement sera limité par des planches.

La largeur devra être de telle sorte que les extrémités des greffes, mises perpendiculairement au mur, ne se dessèchent pas.

Une épaisseur de sable, d'un décimètre aux deux bouts est suffisante.

On maintiendra dans le tas une humidité convenable pour que le sable ne coule pas sec dans la main.

PÉPINIÈRE

La pépinière devra être établie dans un endroit bien exposé au soleil, en dehors de l'ombrage des arbres et des maisons.

Le sol en devra être léger, fumé et bien défoncé. Nous conseillons de le fumer avec du crottin de lapin, de la fiente de poule ou seulement, ce qui est plus pratique, avec des balayures de rues, débarrassées des brindilles, et prises autant que possible dans les rues habitées par les cultivateurs.

Si l'on ne dispose que de fumier de ferme, il faudra l'employer et l'enfouir en automne.

Pour notre part, nous nous servons des boues mise en tas et répandues au printemps quand elles se sont transformées en « *drezenne* » suivant l'expression des vignerons. Nous nous en trouvons fort bien.

Le sol de la pépinière, tout en étant léger, devra être frais, sans humidité.

On mettra en pépinière lorsque les racines commenceront à se montrer vers la base des sujets (fin d'avril avec un printemps chaud ou fin de mai avec un printemps froid).

Le sol aura été bien nivelé et les boutures seront déposées, dans une raie, contre un ados légèrement incliné, avec précaution et l'œil en dehors.

Tous les yeux seront au même niveau par rapport à la surface du sol, légèrement au-dessous de celles-ci, et on les recouvrira de trois à quatre centimètres de terre fine ou de sable.

Les lignes seront par groupes de deux, espacées de vingt-cinq centimètres, et les boutures à une distance de huit à dix centimètres.

Entre les doubles rangées, on laissera un petit sentier de quarante centimètres pour la circulation dans la pépinière.

Les groupes de trois rangées sont défectueux, celle du milieu étant difficile à sevrer.

Pendant les chaleurs de l'été, il est souvent nécessaire d'arroser afin d'empêcher la dessication du greffon. Or, le vigneron devant vaquer à ses occupations multiples, étant souvent d'ailleurs un peu négligent vis-à-vis de ses propres intérêts, nous conseillons de déposer sur les lignes une légère couche de fumier pailleux et chaud qui parera à une dessication trop prompte de la terre placée sur les greffons.

Mais cette mesure peut n'être pas suffisante et un bon arrosage est urgent.

L'eau sera alors répandue entre les lignes et non sur les greffons ; la terre qui entoure ceux-ci sera humectée par les mouvements capillaires d'ascension.

SEVRAGE DES GREFFES

Cette opération consiste à enlever les racines qui se développent sur le greffon.

Certains pépiniéristes, pour diminuer

leurs frais, sans doute, ne la pratiquent
pas. Mais nous la jugeons absolument
nécessaire, dussions-nous obtenir des
pousses un peu moins belles, les racines
du greffon favorisant son développement
au détriment du sujet.

Lorsque la soudure se fait bien, ces
racines adventives sont peu nombreuses.
Leur développement, pour une même
sorte de greffons est donc en rapport avec
le mauvais état de la soudure.

Le sevrage est une opération très déli-
cate, exigeant une main sûre et devant
être faite à temps. Il est difficile d'en pré-
ciser l'époque exacte.

L'année dernière, confiant dans l'idée
généralement admise que le sevrage doit
être fait dans la dernière quinzaine de
juillet ou commencement d'août, nous
avons pu nous rendre compte des mauvais résultats obtenus en sevrant trop tard.

N'étant pas sur place, nous avons sevré
dès les premiers jours d'août. Les racines
étaient alors trop développées, et, grâce à
leur propriété de tirer à elles le tronc,
beaucoup étaient tendues vigoureusement
et avaient arraché les greffons.

Cette remarque, qui d'ailleurs peut être
étendue à toutes les plantes, devra être
mise à profit. Nous croyons être le premier à l'avoir faite et, d'après cela, voici
comment on peut fixer l'époque du sevrage.

Dès les premiers jours de juillet, on déchaussera quelques greffes parmi les plus
vigoureuses pour se rendre compte de
l'état des racines du greffon.

Quand elles atteindront de 5 à 10 centimètres, en commençant à se ramifier, on
procédera à leur enlèvement.

A ce moment, elles ne sont pas encore
bien dures, et, au moyen d'un greffoir,
on les coupe facilement, de haut en bas,
pour ne pas tirailler le greffon.

On choisira autant que possible un
temps couvert ; on ne déchaussera que 4
ou 5 pieds d'un seul coup, et, les racines
coupées, on buttera les greffons.

Lorsque les deux lignes voisines seront
opérées, on arrosera copieusement entre
elles, sans jamais verser de l'eau sur les
greffons.

Si le besoin s'en fait sentir, on sevrera
une seconde fois en septembre, et, pour
affermir les jeunes tissus de soudure, il
sera bon de les déchausser pour les expo-
ser à l'air libre.

Il est presque superflu de dire qu'il faudra enlever soigneusement les herbes
dans la pépinière, que de fréquents et lé-
gers binages seront nécessaires entre les
lignes et qu'il faudra sulfater contre le
Mildiou.

Si cette maladie sévissait avec intensi-
té, il ne faudrait pas craindre de badigeonner les feuilles dessus et dessous. On empêchera ainsi l'envahissement et on en
arrêtera la marche s'il s'était produit.

ARRACHAGE ET CHOIX DES GREFFES

Les greffes seront arrachées en automne
ou au printemps suivant l'époque à
laquelle on veut planter.

On ne plantera que les greffes bien

soudées, bien racinées, dont les pousses atteignent de 15 à 20 centimètres après la chute des feuilles. Ce sont les premiers choix.

Les greffes peu racinées, dont la soudure n'est pas parfaite, constituent les seconds choix. On les remet en pépinière et on les plante l'année suivante après triage.

Enfin, celles qui ne sont soudées que d'un seul côté ou très imparfaitement des deux doivent être rejetées, car elles ne donneraient que des ceps chlorosés et rabougris.

Nous ne terminerons pas ce qui se rapporte à la greffe sans parler d'un champignon que l'on trouve quelquefois sur les greffes sous forme de filaments blancs.

Beaucoup de personnes y voient le Pourridié. Il n'en est rien. C'est un champignon inoffensif, appelé *Psathyrella ampelina*, que l'on peut faire disparaître, d'après M. Vialla, en déchaussant les greffes et en versant dans la raie, sans toucher aux greffons, une solution à 10 % de sulfate de fer.

PLANTATION

Dans les terrains secs, ou s'égouttant facilement, il est bon de planter en automne.

Pendant l'hiver, le sol se tasse et la jeune plante, dans sa vie ralentie, se prépare pour le départ de la végétation.

Au printemps, les nouvelles racines amorcées ou déjà sorties, suivant la température de l'hiver, sont prêtes à remplir leur rôle physiologique.

Dans les sols bas, argileux, humides, il est préférable de planter au printemps.

Tous les vignerons savent planter ; aussi nous garderons-nous de les conseiller de ce côté.

Une question, qui souvent se pose dans les pays où l'on reconstitue, est celle de l'espacement des ceps.

A quelle distance doit-on planter ?

Notre réponse est la suivante :

Tout dépend de la richesse du sol et de sa profondeur.

Une analyse chimique du sol ne serait pas suffisante ; il faut tenir compte de son épaisseur, détail trop souvent négligé.

Plus la terre sera riche et profonde, plus la distance des ceps devra être faible tout en ne devenant pas inférieure à 1 mètre de tous côtés.

Comme terme moyen, on peut admettre 1 m. 10 à 1 m. 20 en carrés.

Planter sans discernement à 1 m. 50 comme on l'a fait à Gy dans les débuts, est une folie. Aussi, les vignerons, bien avisés, s'empressent-ils de mettre de côté les conseils que M. Pâris, marchant sur nos traces, veut à tout prix leur donner, en doublant les ceps des premières plantations dans le sens des lignes.

Nous estimons que, dans les bonnes terres du canton de Gy, il ne faudra pas descendre au-dessous de 1 m. 10.

Dans les terrains maigres, peu profonds, il sera peut-être bon d'espacer à 1 m. 30 pour permettre à la plante de puiser, en quantité suffisante, les sucs nécessaires à son développement normal.

Pendant les deux premières années, il faudra ne pas rogner, on laissera se développer l'appareil aérien pour favoriser l'expansion du système radiculaire.

On se figure généralement à tort qu'en rognant et en enlevant tout ce qui pousse, on obtiendra des sarments plus gros. La sève, dit-on, se portant sur un bourgeon moins long, le fera grossir davantage.

C'est une erreur, car le point de départ de ce raisonnement est faux.

En effet, si le système aérien est moins développé, il y a aussi un appel moins grand de sève et on comprend que, dans le cas extrême où l'on ne laisserait au bourgeon que deux ou trois feuilles, les racines et par conséquent le sarment ne se développeraient pas.

Ce qu'il faut pendant les trois premières années, c'est donner au cep une forte charpente aérienne et souterraine et l'on n'y parviendra qu'en opérant comme nous l'indiquons.

La troisième année, on enlèvera les bourgeons supplémentaires (élongs), et on pourra rogner les sarments principaux en septembre pour permettre au bois de s'aoûter.

Pendant les années suivantes, la nouvelle vigne sera conduite comme l'ancienne vigne française. Mais sa vigueur étant bien supérieure à celle de cette dernière, on aura soin de tailler un peu long pour empêcher la vigne de « s'emballer » en bois.

C'est surtout avec les Rupestris et leurs hybrides que l'on devra opérer ainsi. On chargera assez fortement, car depuis deux ans, nous avons pu remarquer que nos Rupestris, trop déchargés en fruits, avaient des raisins bien moins beaux que ceux plus chargés.

L'an dernier, malgré les pluies fréquentes et l'absence d'une température élevée, les pieds les plus fructifères ont parfaitement mûri.

D'ailleurs, le nombre des raisins à laisser sur chaque cep sera en rapport avec la fertilité du sol et l'expérience montrera, mieux que tous les conseils, comment il faudra tailler et sarcler (suppression des bourgeons et des raisins superflus lors de la pousse du printemps).

Nous ne sommes pas partisan de cultiver la vigne en treillis pour plusieurs raisons :

1º La charge étant généralement trop forte, les raisins peuvent ne pas arriver à maturité et le vin perd en qualité.

2º La circulation est difficile dans la propriété.

3º Lors de la grêle, les raisins non protégés par les feuilles sont bien plus attaqués que dans les pieds isolés, montés sur échalas.

On aura donc recours aux échalas, deux, trois par pied si c'est nécessaire; ils seront forts, d'une longueur de 1ᵐ 65 environ.

Les nouveaux plants étant beaucoup plus vigoureux que les anciens, les échalas seront enfoncés profondément dans la terre ; on ne les enlèvera pas à l'automne ; mais pour les empêcher de pourrir, on aura soin de les sulfater pendant un temps assez long pour que le sulfate pénètre assez profondément.

On rognera au niveau de l'échalas.

Pendant les deux premières années, on continuera le sevrage.

FRAIS RELATIFS A LA RECONSTITUTION D'UNE OUVRÉE (4 ares 28).

M. Pâris annonce que la reconstitution d'une ouvrée ne lui a coûté que 80 francs !

C'est bien peu et cette faible dépense semblerait montrer qu'il est un viticulteur très habile, car dans le Jura, on ne peut guère reconstituer à moins de 120 francs.

Puisqu'il est prouvé par l'expérience que la distance de 1 m. 50, adoptée par M. Pâris, est trop forte, qu'il ne l'ignore pas lui-même, comment se fait-il qu'il étale le chiffre de 80 francs aux yeux des vignerons ?

Admettons que l'on plante à 1 m. 20. Il faudra par ouvrée 308 plants. Si ce sont des Rupestris, on les paiera 20 fr. le cent, ce qui fait déjà 62 francs. A un mètre, il en faudrait environ 400, ce qui occasionnerait les 80 francs de dépenses indiqués par M. Pâris.

Il aurait été intéressant de connaître le détail de ces dépenses, mais M. Pâris est muet de ce côté.

Voici quelques chiffres montrant à peu

près à combien se monte la dépense dans les environs de Lons-le-Saunier :

Défoncement à plein terrain à 8 cent. par mètre (428 mètres)......................	34 fr.
Porte-greffes Riparias, 15 fr. le cent. Une ouvrée à 1 m. 20 exige 28 rangées de 11 ou 308 pieds................................	46 fr.
Fumier : 1 m.c. 1/2 à 6 francs..........	9 fr.
Plantation : 2 journées d'ouvrier à 3 fr...	6 fr.
Echalas pouvant servir deux ans.........	3 fr.
Façon culturale : 10 fr. par an, pendant 3 ans.............................	30 fr.
Total.............	128 fr.

Si au lieu d'employer des Riparias, on avait employé des Rupestris à 20 fr. le cent, la dépense aurait été plus élevée; et, si on avait jugé à propos de les mettre à 1 mètre comme en Bourgogne où certains propriétaires du Jura, il en aurait fallu environ 385 à l'ouvrée. La dépense aurait augmenté de 15 francs environ.

En plantant en raies, il faudra environ 7 journées d'ouvrier, à raison de 50 mètres par jour, pour le défoncement, ce qui donne, à 3 francs par jour, 21 francs, au lieu de 34 dépensés en défonçant à plein terrain. Dans tous les cas, pour faire une bonne plantation, 80 francs sont insuffisants.

Tous les viticulteurs sérieux conviendront avec nous qu'il faut dépenser au moins 110 francs par ouvrée.

Il est vrai qu'en travaillant soi-même, on n'a pas à débourser une pareille somme.

Mais, tout travail représente une somme d'argent, et la valeur totale du travail y compris les achats obligatoires, atteindra certainement au moins 110 francs avec les terres du canton de Gy.

TRAITEMENTS DE QUELQUES MALADIES DE LA VIGNE.

Nous ne serions pas complets si nous ne donnions aux vignerons les notions indispensables sur les nouvelles maladies de la vigne et les moyens actuellement connus d'y remédier.

MILDIOU.

Cette maladie est tellement généralisée que tous les vignerons savent à quoi attribuer cette sorte de poussière blanche que l'on trouve sous les feuilles.

Tous les vignerons savent aussi à peu près combattre le Mildiou.

Nous leur conseillons seulement de ne pas attendre, pour sulfater, que la maladie ait pris pied.

Le remède est préventif et non curatif.

Cependant, nous voulons mettre à leur portée une nouvelle bouillie inventée par M. Clémençot père, il y a cinq ans, et dont l'effet est d'éloigner les hannetons quand leur apparition coïncide avec le premier sulfatage, de même que les divers mangeurs de bourgeons.

Notre bouillie se compose au moyen de la formule préconisée par M. Vialla pour la bouillie bordelaise, plus 150 à 200 gr. d'aloès par hectolitre.

Sulfate de cuivre. .	*2 kilos.*
Chaux grasse vive .	*1 kilo.*
Aloès	*150 à 200 gr.*
Eau.	*100 litres.*

Faire la bouillie comme d'habitude. Dissoudre l'aloès dans 5 litres d'eau chaude, prélevés sur les 100 litres de la formule, laisser refroidir et verser le liquide brun dans la bouillie, en agitant. Ne pas s'occuper du changement de couleur qui, de bleue, devient verdâtre.

L'aloès éloigne non seulement les insectes, mais rend la bouillie plus persistante sur les feuilles..

L'augmentation de la dépense est de 1 à 2 sous par ouvrée.

BLACK-ROT

Au moment où cette maladie terrible, dont certains départements du Midi ont eu à souffrir en 1895, menace d'envahir tout le vignoble français, il est bon de savoir à l'avance comment on la reconnaît et comment on la maîtrise.

Les plus forts dégâts se produisent sur les fruits. Les feuilles ne sont jamais attaquées dans leur entier comme par le Mildiou.

Black-Rot sur les feuilles. — Les taches apparaissent simultanément, de préférence sur les jeunes feuilles ; elles sont vaguement circulaires, et la plupart ont de 2 à 3 millimètres de diamètre.

Quelques-unes, de plus grande dimension, sont situées sur l'extrémité des lobes.

Aspect des taches. — Dès qu'elles apparaissent, elles *prennent brusquement, sur les deux faces, une teinte uniforme de couleur feuille morte ; on n'observe jamais le passage du jaune au brun, comme pour les taches de Mildiou* (Vialla).

Sous la feuille, aucune poussière blanche ; *jamais la tache n'est bordée d'une auréole brune* comme pour l'antrachnose. Bientôt apparaissent, indifféremment, sur les deux faces de la tache, quelques points noirs, dispersés concentriquement d'une façon assez régulière.

Black-Rot sur les raisins. — D'abord, petite tache pâle sur le grain ; le lendemain, elle s'est étendue en devenant rouge livide, plus foncée au centre. Au bout de 3 ou 4 jours, quelquefois après 48 heures, le grain est desséché, d'un noir foncé et ressemble assez, quant à l'aspect, à un pruneau sec. Dès que le grain commence à se rider, on voit apparaître à sa surface les petits points noirs caractéristiques.

Traitement du Black-Rot. — D'après les observations les plus récentes, bien que l'on ne dispose pas, contre le Black-Rot d'un remède aussi efficace que celui employé pour combattre le Mildiou, il paraît que la bouillie bordelaise bien faite et bien employée peut atténuer considérablement le mal.

Les conclusions de M. Perraud, professeur d'agriculture à Villefranche, ne changent pas d'une façon sensible ce que nous avons écrit, d'après M. Vialla, dans notre ouvrage sur la reconstitution à Gy.

Pour les raisons développées plus haut, nous y ajoutons de l'aloès et donnons la formule de M. Vialla modifiée comme il suit :

Sulfate de cuivre.   *3 kilos au moins.*
Chaux vive. . . .   *1 kilo.*
Aloès. . . . . . .   *150 à 200 gr.*
Eau . . . .   *100 litres.*

La chaux pouvant être plus ou moins bonne, on fabriquera la bouillie neutre en versant le lait de chaux lentement dans le sulfate en agitant, jusqu'à ce qu'un petit morceau de papier de tournesol rouge devienne bleu.

Il faudra sulfater les vignes extérieurement et intérieurement sans oublier les grappes.

1er traitement. — Quand les bourgeons ont environ 15 centimètres.

2e traitement. — Immédiatement avant la floraison.

3o traitement. — A la fin de la floraison.

4o traitement. — Vers le 15 juillet.

ANTHRACNOSE

Le Mildiou et le Black-Rot sont des maladies américaines, l'antrachnose est, au contraire, européenne.

On connaît trois sortes d'antrachnose : *l'Antrachnose maculée*, *l'Antrachnose ponctuée et l'Antrachnose déformante.*

La plus dangereuse est l'Antrachnose maculée. On la reconnaît surtout sur les rameaux. Ceux-ci se couvrent de taches, d'abord petites et qui finissent par se joindre. Elles rongent le bourgeon qui devient noir et de loin semble brûlé.

Les taches se développent aussi sur les

feuilles ; elles se creusent et *sont bordées d'une auréole brun-livide vers l'intérieur et brun-foncé vers l'extérieur.*

TRAITEMENT PRÉVENTIF

Opérer 8 ou 15 jours avant le débourrement sur les ceps taillés. On met, dans un récipient en bois, 50 kilos de sulfate de fer, on verse dessus 1 litre d'acide sulfurique (huile de vitriol), et on ajoute 100 litres d'eau.

On badigeonne les ceps avec le liquide ainsi obtenu en humectant fortement toutes les parties. A cet effet, on se sert de tampons de laine assujettis à l'extrémité d'un bâton.

CHLOROSE

Sous le nom de chlorose, on entend le jaunissement de la vigne sous diverses influences qui toutes, à notre avis, ont pour résultat une mauvaise nutrition de la plante.

Ce n'est pas ici le lieu de développer nos idées à ce sujet. Nous dirons seulement que les causes principales de la chlorose sont :

1º l'excès d'humidité ;

2º l'excès de calcaire ;

3º Un sol très pauvre ou appauvri momentanément ;

4º Une mauvaise soudure.

D'une manière générale, on évite la chlorose en favorisant la nutrition.

Les sols argileux, humides devront être assainis par des drainages.

Les sols pauvres, enrichis par des engrais appropriés.

Les sols calcaires, naturellement peu riches, se dessèchent promptement et retiennent peu certains engrais tels que les nitrates et les sulfates, lors des grandes pluies.

L'argile, s'opposant aux mouvements de l'eau, empêchera la déperdition, et l'on explique ainsi certains cas de résistance à la chlorose en sols calcaires.

D'autre part, l'argile fixe certains principes fertilisants de concert avec le sesquioxyde de fer qui donne la couleur jaune, brune ou rouge à la terre.

Plus le sol est calcaire, moins il renferme d'argile, et, par conséquent, plus il s'appauvrira par les pluies.

Lorsque celles-ci se produisent au printemps, elles sont funestes à la vigne, non pas, soutenons-nous, parce que le bicarbonate de chaux se comporte comme un poison pour la vigne, mais parce que les ceps sont privés momentanément d'éléments fertilisants.

Un élément dont on ne se préoccupe pas assez est l'acide sulfurique. Cela tient à ce que la plupart des chimistes agronomes chantent sur tous les tons que les éléments essentiels à la vie des plantes sont : l'azote, l'acide phosphorique, la potasse et la chaux.

Le soufre est tout aussi nécessaire et il faudra le fournir sous forme de sulfates.

Or, les sols calcaires n'en renferment pas ou en renferment très peu. D'autre part, ils ne les retiennent pas. Il faut donc veiller à ce que leur proportion ne s'abaisse pas au-dessous d'une certaine limite.

Le meilleur moyen de fournir aux sols calcaires du soufre assimilable est d'y répandre du sulfate de fer, qui, avec le calcaire, donne du sulfate de chaux.

Celui-ci est une source de soufre, en même temps qu'il facilite l'absorption de la potasse, des matières azotées et par suite des phosphates.

Notre théorie de la chlorose, dont nous donnons ici une simple idée, nous conduit donc immédiatement au remède, indiqué par l'expérience : c'est l'emploi du sulfate de fer en sols calcaires.

On pourra le déposer en cristaux ou en solution à la base des ceps ; mais, ainsi que nous le montrons, il est préférable de l'employer suivant le procédé du docteur Rassiguier.

En principe, ce traitement consiste à badigeonner à l'automne les ceps chlorosés et taillés avec une dissolution de sulfate de fer.

Chez nous, où la taille d'automne peut être préjudiciable, à cause des gelées d'hiver, on pourra opérer une taille longue préparatoire, ainsi que le préconise M. Guillon, maître de conférences à l'Ecole de Montpellier, et appliquer le procédé.

On emploie une dissolution de 40 à 45 kilos de sulfate de fer dans 100 litres d'eau.

Les vignes les plus chlorosées doivent être les premières traitées, et cela dès la

chute des premières feuilles. Badigeonner, comme pour l'Antrachnose, toute
l'étendue du cep *sans négliger les plaies
de la taille.* Les yeux ne seront pas épargnés ; la bourre les protègera contre l'action noscive du sulfate de fer.

L'explication que nous avons donnée
du procédé Rassiguier, la plus complète
qui ait paru, montre qu'il faudra badigeonner jusqu'au dessous de la greffe.

Nos observations microscopiques nous
ont fait découvrir des cas accidentels de
chlorose dûs à des greffes, très solides,
paraissant bonnes et tout à fait défectueuses.

Des champignons microscopiques envahissent le cœur de ces greffes et nuisent
aux fonctions de nutrition. Le sulfate de
fer aura pour effet de les détruire et d'assurer le reverdissement.

En somme, le sulfate de fer agit :

1° Comme source de soufre ;

2° En donnant, avec le calcaire du plâtre à l'état très tenu et par suite très
actif ;

3° Comme antiseptique.

On évitera la chlorose, ou tout au
moins, on en diminuera les effets désastreux en maintenant le sol dans un bon
état de fumure, soit avec le fumier seul,
soit avec en mêlant au fumier des engrais
chimiques appropriés, ce qui est mieux.

Ne pas négliger l'apport du plâtre sous
forme de plâtre cru, et on remarquera
qu'un phosphatage au superphosphate
équivaut à un léger plâtrage.

Comme moyens curatifs, concurremment avec le procédé Rassiguier, on emploiera, dans les sols argileux, du nitrate de soude et des phosphates précipités ou des scories de déphosphoration, mélangés à du plâtre cru, le tout déposé au pied des ceps.

Dans les temps de sécheresse, on arrosera ces engrais, car, sans cette précaution, leur action serait à peu près nulle.

Les sols argileux ne devront jamais recevoir de sulfate de fer.

Dans les terres calcaires, on emploiera le nitrate de soude et les superphosphates ou les phosphates précipités auxquels on adjoindra du sulfate de fer.

Le purin, les vidanges agiront aussi avec efficacité contre la chlorose.

On saura que les sols calcaires sont les plus sujets à la chlorose, surtout quand le calcaire est crayeux et qu'il faut éviter de les travailler trop profondément.

Enfin, si la Chlorose tient à de mauvaises soudures, si elle résiste à ces divers traitements, c'est que les ceps sont tarés et il faut les remplacer au plus tôt.

Il aurait été utile de compléter ce travail par une étude des engrais.

Ceux-ci intéressant tous les agriculteurs, tandis que la reconstitution n'intéresse que les vignerons, nous avons pensé qu'il était préférable de faire paraître séparément le chapitre des engrais.

Néanmoins, en cette place, nous conseillons aux vignerons de ne pas négliger de fumer leurs propriétés, d'employer à cet effet du fumier ordinaire et s'ils le peuvent d'y ajouter des engrais chimiques.

Lorsque la végétation sera suffisante, que les feuilles seront d'un beau vert, il sera inutile d'ajouter de l'azote en grande quantité.

On se bornera à de légères fumures propres à réparer les pertes subies.

Dans les sols calcaires, pauvres en potasse, l'apport de cet élément se fera sentir d'une façon heureuse.

La potasse semble agir sur les qualités du vin et cela explique pourquoi les soussols argileux donnent, toutes choses égales d'ailleurs, de bons vins.

Le meilleur engrais potassique est le carbonate de potasse; l'emploi des cendres est donc tout indiqué. Mais ce corps est cher, et, dans la culture courante, on emploie le sulfate de potasse.

Les fumures ne nuisent pas à la qualité du vin si l'on a soin de ne pas trop charger les ceps afin d'obtenir une bonne maturité.

Voici à titre d'indication la formule conseillée par M. Chanzit, pour un sol argilo-calcaire, et réduite à une ouvrée (4 ares 28).

Nitrate de soude à 95°.....   17 kilos·
Superphosphate à 15 °/₀ d'acide phosphorique. . . . .   17 kilos.
Sulfate de potasse à 50 °/₀ de potasse . . . .   8 kilos.
Sulfate de fer. . . . .   17 kilos.

Cet engrais revient à environ 7 francs.

On pourra le remplacer par 400 kilos de fumier (environ un demi-mètre cube), auxquels on joindra la moitié des produits entrant dans la formule.

En terminant, que l'on nous permette un dernier conseil.

Sitôt que le phylloxéra est dans un vignoble, on peut assurer que, dans un avenir très rapproché, ce vignoble sera complètement dévasté.

Quand on a obtenu de l'État l'autorisation d'introduire des plants américains, il faut s'efforcer de reconstituer.

Pour cela, dès qu'une tache se déclare, il faut, à l'automne, arracher les ceps jaunis et même ceux qui, sur une largeur de 5 mètres au moins autour de la tache, paraissent encore beaux.

L'année suivante, le phylloxéra que ces derniers portent sur leurs racines, et reconnaissable à l'œil nu par de nombreux points jaunes verdâtres, quelquefois réunis en traluées, ou le bout des petites racines boursoufflé, se sera accusé davantage et la récolte sur ces pieds sera insignifiante.

On trace le plan de la propriété entière, et dans la tache défoncée, on met les greffes en place.

De cette façon, on ne s'exposera pas, comme on l'a fait en Bourgogne et dans le Jura, à ne rien récolter pendant de nombreuses années.

Avec les nouvelles vignes, dont la durée est assurée quand on a bien planté, le vin est aussi bon à égalité d'âge des vignes, qu'avec les anciennes, et, ce qui ne gâte rien, bien plus abondant.

Nous terminerons ainsi notre étude sur la reconstitution.

Aux vignerons qui auront bien voulu nous suivre, nous souhaitons bon courage ; nous leur disons : ayez confiance dans les nouvelles plantations et nous leur assurons que nous nous ferons un véritable plaisir de leur donner conseil lorsqu'il nous feront l'honneur de nous consulter.

H. CLÉMENÇOT

Agrégé de l'Université, Professeur au Lycée de Lons-le-Saunier

FIN

Gray. — Imp. litho-typo Gilbert Roux